SUDOKU

100 PUZZLES WITH SOLUTIONS

EASY LEVEL **BOOK 5**

ISBN: 9781693662621
Copyright © 2019 Tim Bird.

All rights reserved. No part of this publication may be reproduced, distributed, or transmitted in any form or by any means, including photocopying, recording, or other electronic or mechanical methods, without the prior written permission of the publisher.

The contents of this book are believed to be correct at time of printing. Nevertheless the publisher cannot accept responsibility for errors and omissions, changes in the detail given or for any expense or loss thereby caused.

A standard Sudoku puzzle consists of a grid of 9 blocks. Each block contains 9 boxes arranged in 3 rows and 3 columns.

8	4	1	7	9	6		3	2
			2	5	4	8	1	
6	2	5	3	1		9	4	7
2		8		3	7	4	5	1
3		7	4	8		2	6	9
	5	6	9		1			8
5						2	3	
1	6	3	8	4	2	7	9	5
9	7	2	5	6	3	1	8	4

Column — *Block* — *Box* — *Row*

The Basic Rules of Sudoku:

- There's only one solution to a Sudoku puzzle. A puzzle is considered solved when all 81 boxes contain numbers by following the Sudoku rules.
- When you start a game of Sudoku some blocks already have numbers (fewer number make a harder puzzle). These numbers cannot be changed.
- Each column must contain every number from 1 to 9 and no two numbers in the same column can be duplicated.
- Each row must contain every number from 1 to 9 and no two numbers in the same row can be duplicated.
- Each block must contain every number from 1 to 9 and no two numbers in the same block can be duplicated.

Here's the solved puzzle:

8	4	1	7	9	6	5	3	2
7	3	9	2	5	4	8	1	6
6	2	5	3	1	8	9	4	7
2	9	8	6	3	7	4	5	1
3	1	7	4	8	5	2	6	9
4	5	6	9	2	1	3	7	8
5	8	4	1	7	9	6	2	3
1	6	3	8	4	2	7	9	5
9	7	2	5	6	3	1	8	4

Puzzle 1

7	4	2	9	1		6	3	5
	6	1		5	4	7	9	8
5	8	9	7				2	4
8			4			3	1	2
9	1	6	3	2	5	4	8	7
2	3	4	8	7	1	9	5	6
1	2	8		4			7	
6	9	3	5	8	7	2	4	1
4				1		2	8	6

Puzzle 2

5	6	4	7	3	9	8		
2	7				6	3	5	
3	1	9	2	5	8	6	7	4
1			3	6	7	4	9	8
4	8	6	9	2	5	1	3	7
9	3	7			4	5	2	6
	4	1	5		2	9		3
	2	3		9	1	7		5
	9	5			3	2		1

Puzzle 3

6	2	1	5	8		3		
	3	8	2	7	9	6	1	
9	7	5	3	1	6		2	4
3	8	2	6	9	5	7		1
5	1	6	7	4	2	9		8
7				3	1	5	6	2
8					3	1	5	6
1	5			6	8	2	7	3
2	6		1	5		4	8	9

Puzzle 4

4	1	7	9	8	2	5	3	6
6		5	3	4	7	1		8
	8	3	6	5	1		4	7
3		9	1	7	8	4		2
	4	1	2			8		9
		8	4	9		3		1
8	3	6	5	2	9	7	1	4
1	7	4	8	6	3			5
		2	7	1	4	6	8	3

Puzzle 5

3	4	2	6	5	1	8	9	7
6	5	7	3	9	8	4	1	2
8	9	1	4	7	2			
4	8		1	6				9
7	6		2	8	9		4	1
1	2	9	7	4			8	
2	3	8	5	1	7	9	6	4
9	1	4	8		6			
5	7	6	9		4	1		8

Puzzle 6

	8	5	4	9	3			
	9	4	2	7	5			3
3	7	2	1	6	8	5	9	4
4		3	6	8	9		5	
7	5	9	3	1	4	2	6	8
8	1	6		5	2	3	4	
5	4	1	8	2		9	3	
2	6	8	9		1		7	5
9	3	7	5	4	6			

Puzzle 7

1	8	4	6	9	3	2	7	5
2	6	3	7	8		4	9	1
9	7	5			1	6	8	3
	3	1	5	6	9	8	2	
	2		1			9	3	6
6	9	7		2	8	1	5	4
	5	6	8	1	2			9
7	4		9	5	6			
8	1	9				5	6	2

Puzzle 8

5	3	9	4	8	6		1	
6	4	2		1		3	5	8
1	8	7	3	5	2	6	9	4
7	9	6	2	4	1	8	3	5
8	1	5				4	2	6
	2	4	8		5	9	7	1
	6					1	4	
	5	1	6		4		8	3
4	7		1	2		5	6	9

Puzzle 9

	1	3	6	4				7
8	5	9	1	3	7	4	6	2
7	6			9	2	1		
	4	2	8	7	6			
5	3	8	4	1	9	2	7	6
6	9	7	3	5	2	8		1
9	7	1	5	6	4	3	2	8
		6	2	9	1	7	5	
4		5	7	8	3	6	1	9

Puzzle 10

8	1	6	4	2		5	3	9
4	9		1	8	5		7	2
	7	2	9	3	6	4	1	8
3				4	2		5	7
7	2	5	3		1	8	4	6
9			7	5	8	3	2	1
6		8		1	3	7	9	
2	3	7	5	6	9	1	8	4
1	5	9						

Puzzle 11

2	7	1	5	6	9			3
	4			3	1		5	
6	5		8	2	4	7	1	9
	8		3	9	5	1	6	7
9		5	1	7	6			8
7	1				2			
1	2		6	5	8	9	3	4
5	6	8	9	4	3	2	7	1
3	9	4	2	1	7	5	8	6

Puzzle 12

	7					2	5	
2			9			7	6	
6		3		2	7	4	9	
3	4	8	1	5	9	6	2	7
1	9	2	7	6	4	3	8	5
	6			3	8	2	9	1	4
7	2	9	8		5	1	4	6
4	1	5	2	7	6	8	3	9
	3	6	4	9	1	5		

Puzzle 13

2		6	5	1	8	4	3	9
5		3	4		6		2	1
4			3		2		6	5
3		9	8		7		1	2
8			1		5	3	9	7
1	5	7	2		9	6	4	8
6	3	5	9	8	1	2	7	4
9			7			1	8	6
7	1	8	6	2	4	9	5	3

Puzzle 14

1	4	9	5				3	6
6	3	7	2		4	9	5	8
5		2	6			1	4	7
9	2		1	6			7	3
7	5	1	8			6		4
	6	3	7	2	4	5	1	
				5		7	9	2
2		6	4	1	7	3	8	5
3	7	5	9	8	2	4	6	1

Puzzle 15

		5				4	1	8
8	7	1	4	5	9	3	2	6
		3	1	8		9	7	5
7	5	9	8			1	4	2
3	6	2	9	4	1	5	8	7
			5	2	7	6	3	9
				1	8	7		4
5	3	7	2	9	4	8	6	1
			6	7	5	2	9	3

Puzzle 16

1	5	3	2	7	9	8	4	6
7	6		4	3	1	2	5	9
	4	2	6	5	8	7	3	1
3		9	8	2	7	4	6	5
2	7	6	5	9	4		8	3
5	8	4	1		3	9	7	2
		5		4		6	1	7
4	2	7	3	1				
					5	3	2	4

Puzzle 17

7		3		1	5		9	
5		8	6	3			2	1
4	6				9	8	3	5	7
	4				3	9	8	
9	1		8	2	6	7	4	3
3	8		9	7	4		6	5
2	7	6	3	8	9	5	1	4
8	3	4	5	6	1	2	7	9
1	5	9	7	4	2	8	3	6

Puzzle 18

	4		6	3	9	7	8	5
9		5	1	7	8			6
7	6	8	4	5	2	3	9	1
4	2	9	3	6	5	1	7	8
3			2	8	4	6	5	9
8	5	6	7	9	1			3
5			9	2	6	8		4
	8		5		3	9	6	7
6	9		8		7	5		2

Puzzle 19

9		8	6	7	5	3		2
7				2	4	1	6	8
6	4	2	3	8	1	5		
4	2	7		6	3	8	1	
3	6		1	9	8	7	2	
8		1	2		7		5	3
2	3	9		5	6	4		1
1		6	4	3	2	9	7	5
5		4	8	1	9	2	3	

Puzzle 20

2	5	8			1	9	7	3
3	4	6	9	7	8	1	2	5
9	1	7	2	5	3			4
1	8	5	7	3	2			
4	9	2	8	1	6	5	3	7
7	6	3	5	9	4		1	
8	7	9	1		5	3		
5	3	1			7			
6	2	4	3	8	9	7	5	1

Puzzle 21

	8	1			2	6		
	7	4	6	1	8	2		3
	6	2			9	8		1
8	5	3	9	2	6	7	1	4
1	9	6	4	8	7	5	3	2
4		7	1	3	5	9	6	8
2		9	8	6				
6		8	5	7	1	4	2	9
7		5	2	9	4	3	8	6

Puzzle 22

	9		4	7	5	1	8	3
5	3	8		2	1	4	6	7
	7	4	6	3	8	5		9
	5	3	8	4	7	9	1	
7	1	9	5		2	8	3	4
			1	9	3	7	5	
3	2		7	8	9	6	4	1
9	6	1		5	4		7	8
		7		1	6		9	5

Puzzle 23

	2	7	6	3	4	8		
1	3	9	2	5	8	4	6	7
4	6	8	1	7	9	2		
9	4	3	5	6	7	1	8	2
7	5	2	8	4	1	6		
8	1		9		3	5	7	4
				8	5	3		6
	7	5	4	1	6	9	2	8
6	8		3	9	2	7		

Puzzle 24

7	4	5	1	6			9	2
6	2	3	4	9	5	8	7	
8	9	1	3	7	2	5	6	4
3	7	2	6	1	4	9	5	
4	6	8	5		9	7	1	3
1	5	9		3	7		2	6
5	8	6		4	1	2	3	7
	3	7	2	8	6			
		4					8	9

Puzzle 25

	9	5	2	3	7	8	1	6
	2	3				4	7	5
8	1	7	6	5	4		9	2
9	8	1	5	4	6	7	2	3
5			3				8	9
3							5	4
1	5	6				9	3	
7	3	8	9	6	5	2	4	1
2	4	9	7	1	3	5	6	8

Puzzle 26

2	6	7		9				1
9	1	3					6	
8	4			1		7	2	9
6			9	7	8	3		
3	8	2	6		1	9	7	
7	9	1			3	6	5	8
4	7	8	5	6	2	1	9	3
1	2	9	7	3	4	5	8	6
5	3	6	1	8	9	2	4	7

Puzzle 27

6	1	3	7	9	8		4	
8	7	5	3	4	2	1	9	6
	4		5	1	6	3	8	
	2	7	6		1		5	
		8		2	5	7		1
1	5	6	8	7		4	2	3
5	9	1			3	6	7	4
3	8		9	6	7			2
7	6	2	1	5	4	9	3	8

Puzzle 28

5	3	8	6	1	4	2	9	
1	4	6	9	7		5	3	8
	9	2	8	5	3	4		1
9	5	3		6	8	7	1	4
4	6		5	3		8	2	
2	8	7	4	9	1	6	5	3
		5	7	8	9	3	4	2
3	7	4	1	2				
8				4	6	1	7	5

Puzzle 29

	4	8		5	9	3		
	9	6	3	8	2		5	4
2	5	3		4		9	8	
4	3	1	5	2	8	6	7	9
6	8	2	9	7	3	4	1	5
9	7	5	4	6	1	2	3	8
8	1	7	2	9		5		3
3		4		1		8	9	
5		9	8	3				

Puzzle 30

8		6		5	2	7	1	9
		7		8		6	2	5
	5		6	7	9	8	3	4
7	8	3		4	6	2	9	1
6	2	5	9	1	3	4	7	8
4	1	9	7	2	8	5	6	3
3	9	8	2	6	4	1	5	7
5	6	4		3	7	9	8	2
	7							6

Puzzle 31

	8	3	2	7	1	5		
7	1		9	4	6			
6	2	9				1	7	4
1	6		8	3	7			5
	7	2	5	9	4	8	6	1
9	5	8	1	6	2	4	3	7
8	9	6	7	1	5		4	
2	4			8	3		5	9
5	3	7	4	2	9	6	1	8

Puzzle 32

8	7		4		9		6	5
	5	4	6	8	7	1	9	
6	9	1	3	2	5	4	8	7
1	4	8	7	6	2	5	3	9
9			5	4	8	7	1	6
7	6	5	9	3	1	8	2	4
4		7		9	6		5	8
	8	9		5	4	6	7	
5			8	7	3		4	

Puzzle 33

	3		5	1	6	2	9	8
9	2	1	8	7	4	5	3	6
6	8	5	2	9	3	1	7	4
			3	8	1	6	4	5
1	6	3	4	2	5	9	8	7
5	4	8	9	6	7		1	2
				3	8		5	9
8				5	2		6	3
3	5			4	9	8	2	1

Puzzle 34

	3	9	5	7	2	8	1	
7	4	5	6		1	9	3	2
1		8	3		9			5
4			9	5	6	3	2	8
9	5	3	7	2	8			1
		6	4	1	3			9
	6	4		9	5	2	8	7
8	9	1	2	3	7			6
5	7	2	8	6	4	1	9	3

Puzzle 35

7	5	2	1	9	6	4	8	3
8	1	9	2	4	3	6	7	5
4	6	3	5	8	7	9	1	2
6	8	4	7	5	9	2	3	1
9	2	1	8	3	4	5	6	7
3	7	5	6	1	2	8	9	4
5		8		6	1	7	2	9

Puzzle 36

1	2	3	9	5	7		4	
5	4	8		6	3		7	
7	9	6	2		8	5	1	
	1	2	5	7	6	9	3	4
	7		8	2		1		
6	5	4	3	1	9	7		2
		5	4	3	1		9	7
4			7	9	2	3		
9	3	7	6	8	5	4	2	1

Puzzle 37

9	3	1	8	5		4	2	
7	6	2	9	3	4		1	
5	8	4	2				3	9
1	2	6	5	7	9	3	8	4
8	5	7	6	4	3	2	9	1
	4	9	1	2	8			
2	9		4	6	5	1	7	
6	7	5	3	8	1	9	4	2
4	1		7		2			

Puzzle 38

	9			4	7	1		6
1	6	8	5	2	9		7	3
5	4	7		3	1		2	
	1	9	3		2	8	4	5
4	3	5	1		8	7		2
	8	6	4	7	5		1	9
8	2	1	9	5	4		3	7
9		3	7	1	6	2	8	4
6	7		2	8	3	5	9	1

Puzzle 39

3	5	2	4	8	6	9		7
4	9	1	3	2	7	8		6
		6	9			3		2
6	1	3	8	9		7	2	4
5	2	9		3	4	6		1
7		8	6	1	2		9	3
1	3	7	5	4	9	2	6	8
9			2	7	8	1	3	
2		5	1	6				

Puzzle 40

7	6	1	4	9	3	8	2	5
5	4	2	8	7	1	9	6	3
3	8	9	5	6	2			7
8			7	5	9			
1		4	6		8			9
9			1		4		5	8
6	9		2	1	5		8	4
2		8	3	4	7	5	9	6
4		5	9	8	6			2

Puzzle 41

1	5	8	3	4		2		9
3			8					1
7			1				8	3
5	1	9	4	7	3	8		6
4	8	7		6	1	9	3	5
6	3	2	5			1	4	7
9	7	5	6			3	1	4
2	4	1	7	3	5	6	9	8
8	6	3	9	1	4	7	5	2

Puzzle 42

	3		7	9	6	1	8	5
6	1			5	3	9	7	
5	9	7				6	3	2
	6						5	1
7		1	6	3	2	4	9	8
	4	9	1		5		2	6
9	8	6	3	2	4	5	1	7
1	7		9		8	2	4	3
4	2	3	5	1	7	8		9

Puzzle 43

7	9			5	8	1	3	4
8	1	5	4	3	7			
	3			1	9	7	8	
3	7			6	4	5	9	
	5		9	7	3	6	1	8
6	8	9	1	2	5	3	4	
9	6	3	7	4	2		5	1
1	2	8	5	9	6	4	7	3
5		7	3	8	1			

Puzzle 44

8	3		7	6	2	5	9	1
7	6	5	4	1	9	2	8	3
1	9	2	8	3	5	4	7	6
9		6	2			1		8
2		8						
5		3		8			2	
4	5	1	3	9		8	6	2
6	8	9	5	2	1	3	4	
3	2	7	6	4	8	9	1	5

Puzzle 45

8	1	7	9	2	4	3	6	5
5	3	4	1	7	6	9	8	2
6	2			3	8		4	1
9		5	7	8	2	1		
7		1		9	5		2	
3	8	2	4		1	5	7	9
	9	8	6		7	4		3
1	7	3	2	4	9	6	5	8
4	5				3	2	9	7

Puzzle 46

9		6		1		5	7	
8		3		9	5	1	2	
5		1		4		3	9	
2	6	7	9	3	4	8	5	1
3	1	8	5	7	6	9		2
4	9	5	1	8	2	6	3	7
1	5	2		6		4	8	9
7	8	9	4	5	1	2	6	3
6	3				9	7	1	5

Puzzle 47

7	4	6	2		5	8	9	3
8	5	9	6		4	2	1	7
	2	1	9	7	8	6	5	4
			8	5		7	2	9
2		3	7	6		5	4	
5		7		2		3	6	
		8	3	4	2	9	7	5
9	7	5	1	8	6	4	3	2
4	3	2	5	9		1		

Puzzle 48

4	2	7	3	1	8	6	5	9
8			7		6	3	4	2
3	6	9	5	4	2	1	7	8
	7	2	4		5	8		
5	4	8	1		9	2		7
	3	6	8	2	7	5		4
2			6	7	4	9	8	
7	8		9	5		4	2	6
6	9	4	2	8		7		5

Puzzle 49

	9	2		1		3	5	
5	8	1	9	3	4	6	7	2
	3	7		2		9	1	
1	2	6	4	8		7	9	
9	7	8		5	2	4	3	6
3	5	4			9	2	8	1
8		9	3	4			2	7
2		3					4	9
7	4	5	2	9	1	8	6	3

Puzzle 50

9	5	1	4	8	6			2
		6	3	5	2	4	9	1
4	2	3	7	9	1	6		8
	9	7	8	1	4		6	3
	1		6	3	7		4	9
3	6	4	9	2	5	1	8	7
1	3	2	5	4	9	8	7	6
6	4	9			8	3	2	
			2	6	3	9		4

Puzzle 51

6	2	7	5		8			3
8	3			7			2	9
4	1	9	2	3	6	5	8	7
5	7	3	4	1	9	2	6	8
2	6	1		8	3			5
9	4	8	6	5	2	3	7	1
	5	2		4	7			6
	9	4		6	1		5	2
	8	6	9	2	5		3	4

Puzzle 52

3	9	8	4	1		6	5	2
2	7	5	6	9	3	4	1	
4	6	1	2	5	8	7	9	3
1	8	3		6		2	7	
7	5		3	2	9	1	8	
6	2	9	7	8	1	5	3	4
5		2	8	7	6	9	4	1
9	4		1	3		8		
					2	3	6	5

Puzzle 53

1	6	3	9	7	4	2	5	8
4	2	5	8	3	1		6	
7	9	8	6	2	5	4	3	1
5	1		2		3		8	
	8		5		7	1		3
	3		1	8	9	5		
	4	6	7	5	8	3	1	
8	5	1	3	9			7	4
3	7		4	1	6	8		5

Puzzle 54

3	9	4	2	5	1	8	7	6
2	5	6				9		1
8	1	7		9	6			
7	3	8	9	6	4		1	
1	2	9	5			6		
4	6	5		1	2		9	
9	8	1	6	4	3			
6	4	3	7	2	5	1	8	9
5	7	2	1	8	9	4	6	3

Puzzle 55

5		4	6	1	9		3	8
		9		4	8			7
8		6		7	3	4		
6	9	5	3	2	1	8	7	4
	4		8	6	7	5		9
7	8		9	5	4			3
4	6	8	7	9	2	3		
1	5	7	4	3	6	9	8	2
9			1	8	5	7	4	6

Puzzle 56

1		5	4	9		6	2	3
		2	5	3	1		8	7
		8		2	6	4	5	1
9	3	7	1	6		2	4	8
2	5	4	8	7				6
8	1	6	2	4		7		5
7	8	3	9		2	5	6	4
5	4	9	6	8	7			2
6	2	1	3	5	4	8	7	9

Puzzle 57

7		4		6	1	9	8	5
6	5	1	8	9	7	3	4	
	9	8			5	1	6	7
	2	6	4	8		5		9
9	7	3	5			8	1	
	8		7	1		2		6
	4			5	8	6	2	1
8	6	9	1	7	2	4	5	3
5	1	2	6	3	4	7	9	8

Puzzle 58

3		2		1	9	7	6	
8	6		5	3		9	1	
	5	1		6	2	3	8	
7	9	3	4	5		6	2	8
6	1		9	2			7	
4	2	8	3	7	6		9	
	8	4	6	9		1	5	
1	7	6		4		8	3	9
5	3	9	1	8	7	2	4	6

Puzzle 59

6	1	7	5	2	8	9		
4	3	9				5	8	2
2		5	4	3	9	6		7
5	2	6		7	4	3	9	8
	9	3		5		7	6	4
7		8	6	9	3		5	1
3	6	1	2	4	5	8	7	9
8	5	2	9	1	7			
	7	4	3	8	6	1	2	5

Puzzle 60

5	8		9	1	6	2	7	4
7	9	1				6	8	3
6	2	4	8	3	7	1		5
8	1	2	7	6	3	5	4	9
3	6	9	4	5	2	7	1	8
4	7	5	1	8	9	3	2	6
			6					
2	5	8	3	9	1	4	6	7
		6		7				

Puzzle 61

6	9	3	5	8	4	7	1	2
5	1	2	7	3	9	8	6	
4	8	7	6	2	1	9	3	5
	6	5	9		7			8
2	4	9	8	5	3	6	7	1
	7		2		6		5	9
	2	4	3	6	5	1		7
	3	1	4	7	2	5		
7	5	6	1					3

Puzzle 62

2	1	6	3	8	4	5	7	9
9	7	5	2	6	1	4	3	8
3	4	8			9	2	1	6
	3	9	4		8	6	5	2
5	8			2		9	4	
4	6	2		9		1	8	
6	2		8			3	9	5
	9					8	2	4
8	5		9		2	7	6	1

Puzzle 63

9	4	7	2				8	5
1	3	5		4	9	7	2	6
8	6	2	5	7			4	9
2	5	8		9	7	4	6	3
7		4			8	2	5	1
	1	6	4	5	2	9	7	8
5	7			8	4	6		2
6	2	9	7	1			3	4
4	8			2		5		7

Puzzle 64

9	1	3	8	6	4	5	7	2
6		4	5	1	2	8	9	3
2	5	8	3	7	9		6	
7			4		6	3		
1		6	2		8	9		7
5			7		1	6		8
8	9	7	6	2	3			
		5	1	8	7	2	3	9
3	2	1	9	4	5	7	8	6

Puzzle 65

7	5	1		2		4	8	3
2	4	6	3	8	5	1	9	7
9	3	8			7	2		
3	8	4	7	9	2	6	5	
1	2	9	5	6	8	7		4
6		5			3	9	2	
4		2	8	5		3	7	6
5	6	3	2	7	4	8	1	9
8		7		3		5	4	2

Puzzle 66

9	1		5	4	2	6		
8	3				6	7	9	2	5
6	5	2	9	3	8	4	7	1
		3		7		1	5	
		1		5		7		
7	9	5	3		1	8		4
3	4	8		9	5	2	1	7
1	7	9	2	8	3	5	4	6
5	2	6	7	1	4	3		

Puzzle 67

6	3	4				5	9	7
7	5	8			9	2	1	3
2	1	9			7	4	6	8
8		3		7	4	6	5	1
4	6	7			5	8	2	9
1		5				3	7	4
9	4	6	7	2	3	1	8	5
3	7	1			6	9	4	2
5	8	2			1	7	3	6

Puzzle 68

2		6	8	5	1	7	3	9
1	5	8	7				2	4
3		7	2	4	6	1	8	
7			5				1	6
6	1	2	9	7	4	8	5	3
5		9	1	6		4	7	2
	2	5	4	1		3	6	7
	7	3	6		5	2	4	1
4	6	1	3	2	7	5	9	8

Puzzle 69

2		3	7	5	6	4	8	
	9		8	4	3		1	2
4	7			2	1	6	3	5
8	6		2			5	7	3
	5				8	9	2	6
9	3		5	6	7	8	4	1
3	4	9	1	8	5	2	6	7
6	2	7				1	5	8
1	8	5	6	7	2	3	9	4

Puzzle 70

5	8	6	4	1	9			2
2	1	9	7	8	3	4	6	5
3	4	7	6	5	2	8		1
		1	2	7			4	8
7	5	3	9	4	8	2	1	6
8	2	4	1				7	9
	7	2	8		1	9		
9		5		2	4			7
1	3	8	5		7	6	2	4

Puzzle 71

	2		7			4	6	
8	6			2	3			9
7			4	9		2	8	1
4				8		5	3	2
3	7	5	6		2	9		8
2	9	8	5	3	1	6	7	4
6	4	2	8	1	5	3	9	7
5	3	1	2	7	9	8	4	6
9		7	3	6	4	1	2	5

Puzzle 72

	8	6		7	2	5	4	
7	4	3	9	6	5	8	2	1
5	9	2	1	8			7	
3	2	8	6		7	4	1	5
						7		3
	7		4	5	3	9		
9	6	5	7		1		3	8
2	1	4	8	3	9	6	5	7
8	3	7	5	2	6	1	9	4

Puzzle 73

5			7	1	6	2	4	
	7		4	8	5	1	9	
4			9	2	3	7	5	
7	4	5	8		9	3	1	2
			1	3	7	4	6	5
6			5	4	2	9	8	7
1	5	4	3	7	8	6	2	9
			2	5	4	8	7	1
8	2	7	6	9	1	5	3	4

Puzzle 74

6	8	1	5		2	7	4	3
9	2	7			4	5	6	8
4	5	3	8	7	6	2	1	9
7	3	5	4	8	9	1	2	6
2	4				1	8	5	7
8	1	6				9	3	4
1	7	2	9	4	3	6	8	5
3								
5	9	4			8	3	7	2

Puzzle 75

1	5	8		9		7	4	
6	4	3	7	5	1	8	9	2
9	2	7			8	5	1	
	7	5		1	6		8	9
	9	6		8	7	1	3	5
	8	1	9		5		6	7
	1	2	8	6	9	3	7	4
7	6	4	1			9	5	8
8	3	9	5	7	4	6	2	1

Puzzle 76

3	2		5	4	6			9
1	9		7	3	8		2	6
5	6			1			3	4
9	4	1	6	5				2
2	7	6	1	8	4	9	5	
8	3	5	2	7	9		4	1
7	5	9	3	2		4	6	8
6	8	2		9	7		1	5
4	1	3	8	6	5	2	9	7

Puzzle 77

9		7	5		1	8	6	2
1		2	6		8	9	7	5
	5	8	7	9	2	1	3	
3	2	9	1				8	7
4	8	5	3	7	9	6	2	1
	6	1	2	8				3
2	9	3				7		8
8	1	4	9	2	7	3	5	6
5	7	6	8	1	3	2	4	9

Puzzle 78

	2	1	3		7	9	4	
4	9	3		5	1	8	7	2
8	6	7	4	2	9	3	1	5
2	8	9		7	3		6	
1	3	5	2	4	6	7	8	9
7	4	6		9			2	3
3		4	8	6	5	2	9	
6		8	9	3	2		5	
9			7	1	4	6	3	8

Puzzle 79

1	4		6	9	2		7	
7	2		1	3	5		6	4
3	6		7	8	4			
8	5	1	3	7	9	2	4	6
9	3	6		4	8			7
4	7	2	5	1	6			
2	1	3	4	5	7	6	8	9
6	9	7	8	2	3	4		
5	8	4	9	6	1	7		

Puzzle 80

8	6	7	4	9	3	5	2	1
2	9	5	6	7	1	4	3	8
3	1	4				7	6	9
9					6		7	
5	2		7		9	6	4	3
7		6					9	
4	7	9	8	2	5	3	1	6
1			9	6	4	2	5	7
6	5	2	1	3	7	9	8	4

Puzzle 81

4		6	8		7			9
9			6	5	4	7		3
7		3	2	9	1	6		
6	3	5	1		8	9		
1	9	2	3		6	5		
8	4	7	9	2	5	3	6	1
5	1	9	4	6	2	8	3	7
	7	8	5	1	3	4	9	6
3	6	4	7	8	9			

Puzzle 82

7	9	8		6	3	2	1	
2	1	3		7	8	6		9
4	6	5	9	2	1	7	8	3
6	4	1	2	3	9	5	7	8
8	2	9	1	5		4	3	6
5	3	7	6	8	4	9	2	1
1	5		3			8		
		2			6	1		
	8	4	7	1	5	3	6	2

Puzzle 83

	6	8	2	7	4			1
9		1	3		5	8	4	2
		4		1	8	6		7
		6	4	3	7	1		
	3	7	6	8	9	4	2	5
4		9	1	5	2	7		3
7	9	5	8	2	6		1	4
8	4	3	5	9	1	2	7	6
6	1	2	7	4	3			

Puzzle 84

		9	4	6	2	3	8	7
6	3	8	7		1	5	4	2
2	4		5			9	6	
8	7		1	3		2		
9	6			8	2	4	7		3
3	2			5	7	8		
	8	2	3	4	5	6	7	9
4		3		7		1	2	8
7	9	6	2	1	8	4	3	5

Puzzle 85

9		2			7	1	6	
6			3	2		4	7	
7			5	6		2	8	
1	7	3	6	9	4	5	2	8
2	6	5	8	1	3	9	4	7
4			2	7	5	3	1	6
8			7	5	2	6	3	4
5	4	6	1	3	8	7	9	
		7	9	4	6	8	5	1

Puzzle 86

4	5	7	1	6	9	8	3	2
	8	6	7	5	3	1	4	9
1	9	3		2		5	7	6
5	6	1	2	8	7	4	9	3
8	4	9	5	3	6	7	2	1
3	7	2		4	1	6		
	1	8	3	7		2	6	
7	3		6		2	9		
								7

Puzzle 87

5	8			2	4	3		
9		4	3	7	6	5	1	8
7	3	6	8	5	1		2	9
6	4	2	7		5	9		
8		5	4		2	7	6	
3	1	7	6	8	9	2	4	5
4		8		3			5	7
1	7		5		8	6	3	2
2	5	3	1	6	7	8	9	4

Puzzle 88

6	1	2		3	5	9		7
3				7	2			1
7				1	6	3		2
		4	7	8	1			3
1	5	7	6	4	3	2	9	8
8	3	6	5	2	9	1	7	4
			1	6	7	4	3	
4	6	3	2	5	8	7	1	9
5	7	1		9	4	8	2	6

Puzzle 89

2	9			8	5	6		1
4		8	6	3	7		2	9
	7		2	9	1		4	3
		2		1	4	7		5
7	5	4		2	8		1	6
		1	7	5	6	2		4
1	4	5	8	6	2			7
3	2	7	5	4	9	1	6	8
		9	1	7	3	4	5	2

Puzzle 90

2	7	4	6	5	8		9	3
8	5	1	3	2	9	4		7
9	3	6	7	1		2	8	5
3	6	7	8	9	1	5	4	2
1	2			4		7	9	3
4	9	8	5	3			7	1
7	8		1	4	6	3		
5	4	9	2	8	3		1	6
6	1	3	9					

Puzzle 91

1	6	5	3		4		8	
2	4	7		8	5	9	6	3
3		9				5	1	4
6		1	9	4		8	3	5
8	5	3		1	6	4	9	
9		4	8	5	3	1		6
4	9	6			1	3	5	8
5	3	8	4	6	9			1
7	1	2	5	3	8	6	4	9

Puzzle 92

5	2	6	7	4	8	9	1	3
7	4	3				8		
1	8	9	3			7		4
8	5	7		3		4		
2	3	4				1	7	
6	9	1	4	2	7	3	8	5
4	1	2	5	7	3	6	9	8
3	7	8	2	9	6	5	4	1
9	6	5			4	2		

Puzzle 93

4		8	2	5		7	6	3
2		6	9	8	3	1	4	5
1	3	5	6	4	7	2		
		3	8	7	5		1	4
7	8	1	4	9	6	5	3	2
5	4	9		1		6	8	7
8	6	4	7	2	9	3		
		2		3	8	4		
		7	5	6	4	8	2	9

Puzzle 94

	2				7	6	5	1
9	5	7	8	6	1	3	4	2
6	3	1	4	2	5	7	9	8
	1		5		9	4		3
5	6	9	3	1	4		2	7
7			2	8		9		5
1		5	6	9		2	3	4
	9		7	5	3	1	8	6
3	8	6	1	4		5	7	9

Puzzle 95

	5	4	1	8	6	9	2	3
8	1	2		9		7	6	
	9	3	7		5	8	1	4
9		1	6	5	8	4	3	2
4	3	8	2	1	9	5	7	6
5	2			7		1	9	8
2	8	5	9	3	7	6	4	1
	4	7	5		1	2	8	
1	6							

Puzzle 96

5	3	8		9	1	2		7
7	4	1	2			9		5
6	9	2		7		4		1
8	7	4	9		2	6	5	3
	5	3			4	7	1	9
	1	6	3		7	8	4	
3	8	7		4	9	5	2	6
4	2					1	7	8
1	6	5	7	2		3	9	4

Puzzle 97

	7		2	8	9	5	1	
2	8		5	1	4	6	3	7
4	5			3	7	9	8	2
		2	1	9	6		7	
9	3	8	7	4	2	1	5	6
1	6	7	3		8		2	9
	2	5	4	6	1		9	
	1		9	7	3	2	6	5
	9		8	2	5	7	4	1

Puzzle 98

9	3			6	5	1	7	2
2	7				1	5		6
5	6	1		7		8		4
1	5	7	3	2	4	9	6	8
4	9	2	6	8	7	3	1	5
	8		5	1	9	4	2	7
7	2	5	1	9	8	6	4	3
8	1					7	5	9
	4	9	7	5		2	8	1

Puzzle 99

1	6			7	9			3
7	3			1	6	9		5
9	4			2	3	7	1	6
	9	6			1		5	7
4	8	7	6	9	5	1	3	2
		1			7	6		9
5	7	3	1	6	8	2	9	4
6	1	4	9		2	5	7	8
8	2	9	7	5	4	3	6	1

Puzzle 100

		3	1		9	6	4	2
	6	4	2	3	5	1	9	7
	2		7	4	6	3	5	8
6	4	8	9	2	3	7	1	5
5		2	8	1	4		3	6
9		1	6	5	7	8		4
		6	4	7		5	8	9
2		7	5		1			3
			3	6	8	2	7	1

Solutions

Puzzle 1

7	4	2	9	1	8	6	3	5
3	6	1	2	5	4	7	9	8
5	8	9	7	3	6	1	2	4
8	5	7	4	6	9	3	1	2
9	1	6	3	2	5	4	8	7
2	3	4	8	7	1	9	5	6
1	2	8	6	4	3	5	7	9
6	9	3	5	8	7	2	4	1
4	7	5	1	9	2	8	6	3

Puzzle 2

5	6	4	7	3	9	8	1	2
2	7	8	1	4	6	3	5	9
3	1	9	2	5	8	6	7	4
1	5	2	3	6	7	4	9	8
4	8	6	9	2	5	1	3	7
9	3	7	8	1	4	5	2	6
6	4	1	5	7	2	9	8	3
8	2	3	4	9	1	7	6	5
7	9	5	6	8	3	2	4	1

Puzzle 3

6	2	1	5	8	4	3	9	7
4	3	8	2	7	9	6	1	5
9	7	5	3	1	6	8	2	4
3	8	2	6	9	5	7	4	1
5	1	6	7	4	2	9	3	8
7	4	9	8	3	1	5	6	2
8	9	7	4	2	3	1	5	6
1	5	4	9	6	8	2	7	3
2	6	3	1	5	7	4	8	9

Puzzle 4

4	1	7	9	8	2	5	3	6
6	2	5	3	4	7	1	9	8
9	8	3	6	5	1	2	4	7
3	5	9	1	7	8	4	6	2
7	4	1	2	3	6	8	5	9
2	6	8	4	9	5	3	7	1
8	3	6	5	2	9	7	1	4
1	7	4	8	6	3	9	2	5
5	9	2	7	1	4	6	8	3

Puzzle 5

3	4	2	6	5	1	8	9	7
6	5	7	3	9	8	4	1	2
8	9	1	4	7	2	5	3	6
4	8	3	1	6	5	2	7	9
7	6	5	2	8	9	3	4	1
1	2	9	7	4	3	6	8	5
2	3	8	5	1	7	9	6	4
9	1	4	8	2	6	7	5	3
5	7	6	9	3	4	1	2	8

Puzzle 6

1	8	5	4	9	3	6	2	7
6	9	4	2	7	5	1	8	3
3	7	2	1	6	8	5	9	4
4	2	3	6	8	9	7	5	1
7	5	9	3	1	4	2	6	8
8	1	6	7	5	2	3	4	9
5	4	1	8	2	7	9	3	6
2	6	8	9	3	1	4	7	5
9	3	7	5	4	6	8	1	2

Puzzle 7

1	8	4	6	9	3	2	7	5
2	6	3	7	8	5	4	9	1
9	7	5	2	4	1	6	8	3
4	3	1	5	6	9	8	2	7
5	2	8	1	7	4	9	3	6
6	9	7	3	2	8	1	5	4
3	5	6	8	1	2	7	4	9
7	4	2	9	5	6	3	1	8
8	1	9	4	3	7	5	6	2

Puzzle 8

5	3	9	4	8	6	2	1	7
6	4	2	7	1	9	3	5	8
1	8	7	3	5	2	6	9	4
7	9	6	2	4	1	8	3	5
8	1	5	9	3	7	4	2	6
3	2	4	8	6	5	9	7	1
9	6	3	5	7	8	1	4	2
2	5	1	6	9	4	7	8	3
4	7	8	1	2	3	5	6	9

Puzzle 9

2	1	3	6	4	5	9	8	7
8	5	9	1	3	7	4	6	2
7	6	4	9	2	8	1	3	5
1	4	2	8	7	6	5	9	3
5	3	8	4	1	9	2	7	6
6	9	7	3	5	2	8	4	1
9	7	1	5	6	4	3	2	8
3	8	6	2	9	1	7	5	4
4	2	5	7	8	3	6	1	9

Puzzle 10

8	1	6	4	2	7	5	3	9
4	9	3	1	8	5	6	7	2
5	7	2	9	3	6	4	1	8
3	8	1	6	4	2	9	5	7
7	2	5	3	9	1	8	4	6
9	6	4	7	5	8	3	2	1
6	4	8	2	1	3	7	9	5
2	3	7	5	6	9	1	8	4
1	5	9	8	7	4	2	6	3

Puzzle 11

2	7	1	5	6	9	8	4	3
8	4	9	7	3	1	6	5	2
6	5	3	8	2	4	7	1	9
4	8	2	3	9	5	1	6	7
9	3	5	1	7	6	4	2	8
7	1	6	4	8	2	3	9	5
1	2	7	6	5	8	9	3	4
5	6	8	9	4	3	2	7	1
3	9	4	2	1	7	5	8	6

Puzzle 12

9	7	1	6	4	3	2	5	8
2	5	4	9	1	8	7	6	3
6	8	3	5	2	7	4	9	1
3	4	8	1	5	9	6	2	7
1	9	2	7	6	4	3	8	5
5	6	7	3	8	2	9	1	4
7	2	9	8	3	5	1	4	6
4	1	5	2	7	6	8	3	9
8	3	6	4	9	1	5	7	2

Puzzle 13

2	7	6	5	1	8	4	3	9
5	8	3	4	9	6	7	2	1
4	9	1	3	7	2	8	6	5
3	4	9	8	6	7	5	1	2
8	6	2	1	4	5	3	9	7
1	5	7	2	3	9	6	4	8
6	3	5	9	8	1	2	7	4
9	2	4	7	5	3	1	8	6
7	1	8	6	2	4	9	5	3

Puzzle 14

1	4	9	5	7	8	2	3	6
6	3	7	2	4	1	9	5	8
5	8	2	6	3	9	1	4	7
9	2	4	1	6	5	8	7	3
7	5	1	8	9	3	6	2	4
8	6	3	7	2	4	5	1	9
4	1	8	3	5	6	7	9	2
2	9	6	4	1	7	3	8	5
3	7	5	9	8	2	4	6	1

Puzzle 15

9	2	5	7	3	6	4	1	8
8	7	1	4	5	9	3	2	6
6	4	3	1	8	2	9	7	5
7	5	9	8	6	3	1	4	2
3	6	2	9	4	1	5	8	7
1	8	4	5	2	7	6	3	9
2	9	6	3	1	8	7	5	4
5	3	7	2	9	4	8	6	1
4	1	8	6	7	5	2	9	3

Puzzle 16

1	5	3	2	7	9	8	4	6
7	6	8	4	3	1	2	5	9
9	4	2	6	5	8	7	3	1
3	1	9	8	2	7	4	6	5
2	7	6	5	9	4	1	8	3
5	8	4	1	6	3	9	7	2
8	3	5	9	4	2	6	1	7
4	2	7	3	1	6	5	9	8
6	9	1	7	8	5	3	2	4

Puzzle 17

7	2	3	4	1	5	6	9	8
5	9	8	6	3	7	4	2	1
4	6	1	2	9	8	3	5	7
6	4	7	1	5	3	9	8	2
9	1	5	8	2	6	7	4	3
3	8	2	9	7	4	1	6	5
2	7	6	3	8	9	5	1	4
8	3	4	5	6	1	2	7	9
1	5	9	7	4	2	8	3	6

Puzzle 18

1	4	2	6	3	9	7	8	5
9	3	5	1	7	8	2	4	6
7	6	8	4	5	2	3	9	1
4	2	9	3	6	5	1	7	8
3	1	7	2	8	4	6	5	9
8	5	6	7	9	1	4	2	3
5	7	1	9	2	6	8	3	4
2	8	4	5	1	3	9	6	7
6	9	3	8	4	7	5	1	2

Puzzle 19

9	1	8	6	7	5	3	4	2
7	5	3	9	2	4	1	6	8
6	4	2	3	8	1	5	9	7
4	2	7	5	6	3	8	1	9
3	6	5	1	9	8	7	2	4
8	9	1	2	4	7	6	5	3
2	3	9	7	5	6	4	8	1
1	8	6	4	3	2	9	7	5
5	7	4	8	1	9	2	3	6

Puzzle 20

2	5	8	4	6	1	9	7	3
3	4	6	9	7	8	1	2	5
9	1	7	2	5	3	6	8	4
1	8	5	7	3	2	4	6	9
4	9	2	8	1	6	5	3	7
7	6	3	5	9	4	2	1	8
8	7	9	1	2	5	3	4	6
5	3	1	6	4	7	8	9	2
6	2	4	3	8	9	7	5	1

Puzzle 21

5	8	1	3	4	2	6	9	7
9	7	4	6	1	8	2	5	3
3	6	2	7	5	9	8	4	1
8	5	3	9	2	6	7	1	4
1	9	6	4	8	7	5	3	2
4	2	7	1	3	5	9	6	8
2	4	9	8	6	3	1	7	5
6	3	8	5	7	1	4	2	9
7	1	5	2	9	4	3	8	6

Puzzle 22

2	9	6	4	7	5	1	8	3
5	3	8	9	2	1	4	6	7
1	7	4	6	3	8	5	2	9
6	5	3	8	4	7	9	1	2
7	1	9	5	6	2	8	3	4
4	8	2	1	9	3	7	5	6
3	2	5	7	8	9	6	4	1
9	6	1	2	5	4	3	7	8
8	4	7	3	1	6	2	9	5

Puzzle 23

5	2	7	6	3	4	8	1	9
1	3	9	2	5	8	4	6	7
4	6	8	1	7	9	2	3	5
9	4	3	5	6	7	1	8	2
7	5	2	8	4	1	6	9	3
8	1	6	9	2	3	5	7	4
2	9	1	7	8	5	3	4	6
3	7	5	4	1	6	9	2	8
6	8	4	3	9	2	7	5	1

Puzzle 24

7	4	5	1	6	8	3	9	2
6	2	3	4	9	5	8	7	1
8	9	1	3	7	2	5	6	4
3	7	2	6	1	4	9	5	8
4	6	8	5	2	9	7	1	3
1	5	9	8	3	7	4	2	6
5	8	6	9	4	1	2	3	7
9	3	7	2	8	6	1	4	5
2	1	4	7	5	3	6	8	9

Puzzle 25

4	9	5	2	3	7	8	1	6
6	2	3	1	8	9	4	7	5
8	1	7	6	5	4	3	9	2
9	8	1	5	4	6	7	2	3
5	6	4	3	7	2	1	8	9
3	7	2	8	9	1	6	5	4
1	5	6	4	2	8	9	3	7
7	3	8	9	6	5	2	4	1
2	4	9	7	1	3	5	6	8

Puzzle 26

2	6	7	4	9	5	8	3	1
9	1	3	8	2	7	4	6	5
8	4	5	3	1	6	7	2	9
6	5	4	9	7	8	3	1	2
3	8	2	6	5	1	9	7	4
7	9	1	2	4	3	6	5	8
4	7	8	5	6	2	1	9	3
1	2	9	7	3	4	5	8	6
5	3	6	1	8	9	2	4	7

Puzzle 27

6	1	3	7	9	8	2	4	5
8	7	5	3	4	2	1	9	6
2	4	9	5	1	6	3	8	7
4	2	7	6	3	1	8	5	9
9	3	8	4	2	5	7	6	1
1	5	6	8	7	9	4	2	3
5	9	1	2	8	3	6	7	4
3	8	4	9	6	7	5	1	2
7	6	2	1	5	4	9	3	8

Puzzle 28

5	3	8	6	1	4	2	9	7
1	4	6	9	7	2	5	3	8
7	9	2	8	5	3	4	6	1
9	5	3	2	6	8	7	1	4
4	6	1	5	3	7	8	2	9
2	8	7	4	9	1	6	5	3
6	1	5	7	8	9	3	4	2
3	7	4	1	2	5	9	8	6
8	2	9	3	4	6	1	7	5

Puzzle 29

1	4	8	6	5	9	3	2	7
7	9	6	3	8	2	1	5	4
2	5	3	1	4	7	9	8	6
4	3	1	5	2	8	6	7	9
6	8	2	9	7	3	4	1	5
9	7	5	4	6	1	2	3	8
8	1	7	2	9	4	5	6	3
3	6	4	7	1	5	8	9	2
5	2	9	8	3	6	7	4	1

Puzzle 30

8	3	6	4	5	2	7	1	9
9	4	7	3	8	1	6	2	5
1	5	2	6	7	9	8	3	4
7	8	3	5	4	6	2	9	1
6	2	5	9	1	3	4	7	8
4	1	9	7	2	8	5	6	3
3	9	8	2	6	4	1	5	7
5	6	4	1	3	7	9	8	2
2	7	1	8	9	5	3	4	6

Puzzle 31

4	8	3	2	7	1	5	9	6
7	1	5	9	4	6	2	8	3
6	2	9	3	5	8	1	7	4
1	6	4	8	3	7	9	2	5
3	7	2	5	9	4	8	6	1
9	5	8	1	6	2	4	3	7
8	9	6	7	1	5	3	4	2
2	4	1	6	8	3	7	5	9
5	3	7	4	2	9	6	1	8

Puzzle 32

8	7	3	4	1	9	2	6	5
2	5	4	6	8	7	1	9	3
6	9	1	3	2	5	4	8	7
1	4	8	7	6	2	5	3	9
9	3	2	5	4	8	7	1	6
7	6	5	9	3	1	8	2	4
4	1	7	2	9	6	3	5	8
3	8	9	1	5	4	6	7	2
5	2	6	8	7	3	9	4	1

Puzzle 33

4	3	7	5	1	6	2	9	8
9	2	1	8	7	4	5	3	6
6	8	5	2	9	3	1	7	4
2	7	9	3	8	1	6	4	5
1	6	3	4	2	5	9	8	7
5	4	8	9	6	7	3	1	2
7	1	2	6	3	8	4	5	9
8	9	4	1	5	2	7	6	3
3	5	6	7	4	9	8	2	1

Puzzle 34

6	3	9	5	7	2	8	1	4
7	4	5	6	8	1	9	3	2
1	2	8	3	4	9	6	7	5
4	1	7	9	5	6	3	2	8
9	5	3	7	2	8	4	6	1
2	8	6	4	1	3	7	5	9
3	6	4	1	9	5	2	8	7
8	9	1	2	3	7	5	4	6
5	7	2	8	6	4	1	9	3

Puzzle 35

7	5	2	1	9	6	4	8	3
8	1	9	2	4	3	6	7	5
4	6	3	5	8	7	9	1	2
6	8	4	7	5	9	2	3	1
9	2	1	8	3	4	5	6	7
3	7	5	6	1	2	8	9	4
1	4	7	9	2	8	3	5	6
2	9	6	3	7	5	1	4	8
5	3	8	4	6	1	7	2	9

Puzzle 36

1	2	3	9	5	7	6	4	8
5	4	8	1	6	3	2	7	9
7	9	6	2	4	8	5	1	3
8	1	2	5	7	6	9	3	4
3	7	9	8	2	4	1	5	6
6	5	4	3	1	9	7	8	2
2	6	5	4	3	1	8	9	7
4	8	1	7	9	2	3	6	5
9	3	7	6	8	5	4	2	1

Puzzle 37

9	3	1	8	5	6	4	2	7
7	6	2	9	3	4	5	1	8
5	8	4	2	1	7	6	3	9
1	2	6	5	7	9	3	8	4
8	5	7	6	4	3	2	9	1
3	4	9	1	2	8	7	5	6
2	9	8	4	6	5	1	7	3
6	7	5	3	8	1	9	4	2
4	1	3	7	9	2	8	6	5

Puzzle 38

3	9	2	8	4	7	1	5	6
1	6	8	5	2	9	4	7	3
5	4	7	6	3	1	9	2	8
7	1	9	3	6	2	8	4	5
4	3	5	1	9	8	7	6	2
2	8	6	4	7	5	3	1	9
8	2	1	9	5	4	6	3	7
9	5	3	7	1	6	2	8	4
6	7	4	2	8	3	5	9	1

Puzzle 39

3	5	2	4	8	6	9	1	7
4	9	1	3	2	7	8	5	6
8	7	6	9	5	1	3	4	2
6	1	3	8	9	5	7	2	4
5	2	9	7	3	4	6	8	1
7	4	8	6	1	2	5	9	3
1	3	7	5	4	9	2	6	8
9	6	4	2	7	8	1	3	5
2	8	5	1	6	3	4	7	9

Puzzle 40

7	6	1	4	9	3	8	2	5
5	4	2	8	7	1	9	6	3
3	8	9	5	6	2	1	4	7
8	2	6	7	5	9	4	3	1
1	5	4	6	3	8	2	7	9
9	3	7	1	2	4	6	5	8
6	9	3	2	1	5	7	8	4
2	1	8	3	4	7	5	9	6
4	7	5	9	8	6	3	1	2

Puzzle 41

1	5	8	3	4	6	2	7	9
3	2	4	8	9	7	5	6	1
7	9	6	1	5	2	4	8	3
5	1	9	4	7	3	8	2	6
4	8	7	2	6	1	9	3	5
6	3	2	5	8	9	1	4	7
9	7	5	6	2	8	3	1	4
2	4	1	7	3	5	6	9	8
8	6	3	9	1	4	7	5	2

Puzzle 42

2	3	4	7	9	6	1	8	5
6	1	8	2	5	3	9	7	4
5	9	7	4	8	1	6	3	2
3	6	2	8	4	9	7	5	1
7	5	1	6	3	2	4	9	8
8	4	9	1	7	5	3	2	6
9	8	6	3	2	4	5	1	7
1	7	5	9	6	8	2	4	3
4	2	3	5	1	7	8	6	9

Puzzle 43

7	9	2	6	5	8	1	3	4
8	1	5	4	3	7	2	6	9
4	3	6	2	1	9	7	8	5
3	7	1	8	6	4	5	9	2
2	5	4	9	7	3	6	1	8
6	8	9	1	2	5	3	4	7
9	6	3	7	4	2	8	5	1
1	2	8	5	9	6	4	7	3
5	4	7	3	8	1	9	2	6

Puzzle 44

8	3	4	7	6	2	5	9	1
7	6	5	4	1	9	2	8	3
1	9	2	8	3	5	4	7	6
9	4	6	2	7	3	1	5	8
2	1	8	9	5	6	7	3	4
5	7	3	1	8	4	6	2	9
4	5	1	3	9	7	8	6	2
6	8	9	5	2	1	3	4	7
3	2	7	6	4	8	9	1	5

Puzzle 45

8	1	7	9	2	4	3	6	5
5	3	4	1	7	6	9	8	2
6	2	9	5	3	8	7	4	1
9	4	5	7	8	2	1	3	6
7	6	1	3	9	5	8	2	4
3	8	2	4	6	1	5	7	9
2	9	8	6	5	7	4	1	3
1	7	3	2	4	9	6	5	8
4	5	6	8	1	3	2	9	7

Puzzle 46

9	4	6	2	1	3	5	7	8
8	7	3	6	9	5	1	2	4
5	2	1	7	4	8	3	9	6
2	6	7	9	3	4	8	5	1
3	1	8	5	7	6	9	4	2
4	9	5	1	8	2	6	3	7
1	5	2	3	6	7	4	8	9
7	8	9	4	5	1	2	6	3
6	3	4	8	2	9	7	1	5

Puzzle 47

7	4	6	2	1	5	8	9	3
8	5	9	6	3	4	2	1	7
3	2	1	9	7	8	6	5	4
1	6	4	8	5	3	7	2	9
2	8	3	7	6	9	5	4	1
5	9	7	4	2	1	3	6	8
6	1	8	3	4	2	9	7	5
9	7	5	1	8	6	4	3	2
4	3	2	5	9	7	1	8	6

Puzzle 48

4	2	7	3	1	8	6	5	9
8	1	5	7	9	6	3	4	2
3	6	9	5	4	2	1	7	8
1	7	2	4	6	5	8	9	3
5	4	8	1	3	9	2	6	7
9	3	6	8	2	7	5	1	4
2	5	3	6	7	4	9	8	1
7	8	1	9	5	3	4	2	6
6	9	4	2	8	1	7	3	5

Puzzle 49

4	9	2	6	1	7	3	5	8
5	8	1	9	3	4	6	7	2
6	3	7	5	2	8	9	1	4
1	2	6	4	8	3	7	9	5
9	7	8	1	5	2	4	3	6
3	5	4	7	6	9	2	8	1
8	1	9	3	4	6	5	2	7
2	6	3	8	7	5	1	4	9
7	4	5	2	9	1	8	6	3

Puzzle 50

9	5	1	4	8	6	7	3	2
7	8	6	3	5	2	4	9	1
4	2	3	7	9	1	6	5	8
2	9	7	8	1	4	5	6	3
5	1	8	6	3	7	2	4	9
3	6	4	9	2	5	1	8	7
1	3	2	5	4	9	8	7	6
6	4	9	1	7	8	3	2	5
8	7	5	2	6	3	9	1	4

Puzzle 51

6	2	7	5	9	8	1	4	3
8	3	5	1	7	4	6	2	9
4	1	9	2	3	6	5	8	7
5	7	3	4	1	9	2	6	8
2	6	1	7	8	3	4	9	5
9	4	8	6	5	2	3	7	1
3	5	2	8	4	7	9	1	6
7	9	4	3	6	1	8	5	2
1	8	6	9	2	5	7	3	4

Puzzle 52

3	9	8	4	1	7	6	5	2
2	7	5	6	9	3	4	1	8
4	6	1	2	5	8	7	9	3
1	8	3	5	6	4	2	7	9
7	5	4	3	2	9	1	8	6
6	2	9	7	8	1	5	3	4
5	3	2	8	7	6	9	4	1
9	4	6	1	3	5	8	2	7
8	1	7	9	4	2	3	6	5

Puzzle 53

1	6	3	9	7	4	2	5	8
4	2	5	8	3	1	7	6	9
7	9	8	6	2	5	4	3	1
5	1	4	2	6	3	9	8	7
6	8	9	5	4	7	1	2	3
2	3	7	1	8	9	5	4	6
9	4	6	7	5	8	3	1	2
8	5	1	3	9	2	6	7	4
3	7	2	4	1	6	8	9	5

Puzzle 54

3	9	4	2	5	1	8	7	6
2	5	6	8	3	7	9	4	1
8	1	7	4	9	6	3	2	5
7	3	8	9	6	4	5	1	2
1	2	9	5	7	8	6	3	4
4	6	5	3	1	2	7	9	8
9	8	1	6	4	3	2	5	7
6	4	3	7	2	5	1	8	9
5	7	2	1	8	9	4	6	3

Puzzle 55

5	7	4	6	1	9	2	3	8
2	3	9	5	4	8	1	6	7
8	1	6	2	7	3	4	9	5
6	9	5	3	2	1	8	7	4
3	4	1	8	6	7	5	2	9
7	8	2	9	5	4	6	1	3
4	6	8	7	9	2	3	5	1
1	5	7	4	3	6	9	8	2
9	2	3	1	8	5	7	4	6

Puzzle 56

1	7	5	4	9	8	6	2	3
4	6	2	5	3	1	9	8	7
3	9	8	7	2	6	4	5	1
9	3	7	1	6	5	2	4	8
2	5	4	8	7	3	1	9	6
8	1	6	2	4	9	7	3	5
7	8	3	9	1	2	5	6	4
5	4	9	6	8	7	3	1	2
6	2	1	3	5	4	8	7	9

Puzzle 57

7	3	4	2	6	1	9	8	5
6	5	1	8	9	7	3	4	2
2	9	8	3	4	5	1	6	7
1	2	6	4	8	3	5	7	9
9	7	3	5	2	6	8	1	4
4	8	5	7	1	9	2	3	6
3	4	7	9	5	8	6	2	1
8	6	9	1	7	2	4	5	3
5	1	2	6	3	4	7	9	8

Puzzle 58

3	4	2	8	1	9	7	6	5
8	6	7	5	3	4	9	1	2
9	5	1	7	6	2	3	8	4
7	9	3	4	5	1	6	2	8
6	1	5	9	2	8	4	7	3
4	2	8	3	7	6	5	9	1
2	8	4	6	9	3	1	5	7
1	7	6	2	4	5	8	3	9
5	3	9	1	8	7	2	4	6

Puzzle 59

6	1	7	5	2	8	9	4	3
4	3	9	7	6	1	5	8	2
2	8	5	4	3	9	6	1	7
5	2	6	1	7	4	3	9	8
1	9	3	8	5	2	7	6	4
7	4	8	6	9	3	2	5	1
3	6	1	2	4	5	8	7	9
8	5	2	9	1	7	4	3	6
9	7	4	3	8	6	1	2	5

Puzzle 60

5	8	3	9	1	6	2	7	4
7	9	1	2	4	5	6	8	3
6	2	4	8	3	7	1	9	5
8	1	2	7	6	3	5	4	9
3	6	9	4	5	2	7	1	8
4	7	5	1	8	9	3	2	6
9	3	7	6	2	4	8	5	1
2	5	8	3	9	1	4	6	7
1	4	6	5	7	8	9	3	2

Puzzle 61

6	9	3	5	8	4	7	1	2
5	1	2	7	3	9	8	6	4
4	8	7	6	2	1	9	3	5
1	6	5	9	4	7	3	2	8
2	4	9	8	5	3	6	7	1
3	7	8	2	1	6	4	5	9
8	2	4	3	6	5	1	9	7
9	3	1	4	7	2	5	8	6
7	5	6	1	9	8	2	4	3

Puzzle 62

2	1	6	3	8	4	5	7	9
9	7	5	2	6	1	4	3	8
3	4	8	7	5	9	2	1	6
1	3	9	4	7	8	6	5	2
5	8	7	1	2	6	9	4	3
4	6	2	5	9	3	1	8	7
6	2	1	8	4	7	3	9	5
7	9	3	6	1	5	8	2	4
8	5	4	9	3	2	7	6	1

Puzzle 63

9	4	7	2	3	6	1	8	5
1	3	5	8	4	9	7	2	6
8	6	2	5	7	1	3	4	9
2	5	8	1	9	7	4	6	3
7	9	4	3	6	8	2	5	1
3	1	6	4	5	2	9	7	8
5	7	3	9	8	4	6	1	2
6	2	9	7	1	5	8	3	4
4	8	1	6	2	3	5	9	7

Puzzle 64

9	1	3	8	6	4	5	7	2
6	7	4	5	1	2	8	9	3
2	5	8	3	7	9	1	6	4
7	8	2	4	9	6	3	1	5
1	3	6	2	5	8	9	4	7
5	4	9	7	3	1	6	2	8
8	9	7	6	2	3	4	5	1
4	6	5	1	8	7	2	3	9
3	2	1	9	4	5	7	8	6

Puzzle 65

7	5	1	6	2	9	4	8	3
2	4	6	3	8	5	1	9	7
9	3	8	1	4	7	2	6	5
3	8	4	7	9	2	6	5	1
1	2	9	5	6	8	7	3	4
6	7	5	4	1	3	9	2	8
4	9	2	8	5	1	3	7	6
5	6	3	2	7	4	8	1	9
8	1	7	9	3	6	5	4	2

Puzzle 66

9	1	7	5	4	2	6	3	8
8	3	4	1	6	7	9	2	5
6	5	2	9	3	8	4	7	1
4	6	3	8	7	9	1	5	2
2	8	1	4	5	6	7	9	3
7	9	5	3	2	1	8	6	4
3	4	8	6	9	5	2	1	7
1	7	9	2	8	3	5	4	6
5	2	6	7	1	4	3	8	9

Puzzle 67

6	3	4	2	1	8	5	9	7
7	5	8	6	4	9	2	1	3
2	1	9	3	5	7	4	6	8
8	2	3	9	7	4	6	5	1
4	6	7	1	3	5	8	2	9
1	9	5	8	6	2	3	7	4
9	4	6	7	2	3	1	8	5
3	7	1	5	8	6	9	4	2
5	8	2	4	9	1	7	3	6

Puzzle 68

2	4	6	8	5	1	7	3	9
1	5	8	7	3	9	6	2	4
3	9	7	2	4	6	1	8	5
7	3	4	5	8	2	9	1	6
6	1	2	9	7	4	8	5	3
5	8	9	1	6	3	4	7	2
9	2	5	4	1	8	3	6	7
8	7	3	6	9	5	2	4	1
4	6	1	3	2	7	5	9	8

Puzzle 69

2	1	3	7	5	6	4	8	9
5	9	6	8	4	3	7	1	2
4	7	8	9	2	1	6	3	5
8	6	1	2	9	4	5	7	3
7	5	4	3	1	8	9	2	6
9	3	2	5	6	7	8	4	1
3	4	9	1	8	5	2	6	7
6	2	7	4	3	9	1	5	8
1	8	5	6	7	2	3	9	4

Puzzle 70

5	8	6	4	1	9	7	3	2
2	1	9	7	8	3	4	6	5
3	4	7	6	5	2	8	9	1
6	9	1	2	7	5	3	4	8
7	5	3	9	4	8	2	1	6
8	2	4	1	3	6	5	7	9
4	7	2	8	6	1	9	5	3
9	6	5	3	2	4	1	8	7
1	3	8	5	9	7	6	2	4

Puzzle 71

1	2	9	7	5	8	4	6	3
8	6	4	1	2	3	7	5	9
7	5	3	4	9	6	2	8	1
4	1	6	9	8	7	5	3	2
3	7	5	6	4	2	9	1	8
2	9	8	5	3	1	6	7	4
6	4	2	8	1	5	3	9	7
5	3	1	2	7	9	8	4	6
9	8	7	3	6	4	1	2	5

Puzzle 72

1	8	6	3	7	2	5	4	9
7	4	3	9	6	5	8	2	1
5	9	2	1	8	4	3	7	6
3	2	8	6	9	7	4	1	5
4	5	9	2	1	8	7	6	3
6	7	1	4	5	3	9	8	2
9	6	5	7	4	1	2	3	8
2	1	4	8	3	9	6	5	7
8	3	7	5	2	6	1	9	4

Puzzle 73

5	8	9	7	1	6	2	4	3
3	7	2	4	8	5	1	9	6
4	1	6	9	2	3	7	5	8
7	4	5	8	6	9	3	1	2
2	9	8	1	3	7	4	6	5
6	3	1	5	4	2	9	8	7
1	5	4	3	7	8	6	2	9
9	6	3	2	5	4	8	7	1
8	2	7	6	9	1	5	3	4

Puzzle 74

6	8	1	5	9	2	7	4	3
9	2	7	1	3	4	5	6	8
4	5	3	8	7	6	2	1	9
7	3	5	4	8	9	1	2	6
2	4	9	3	6	1	8	5	7
8	1	6	2	5	7	9	3	4
1	7	2	9	4	3	6	8	5
3	6	8	7	2	5	4	9	1
5	9	4	6	1	8	3	7	2

Puzzle 75

1	5	8	3	9	2	7	4	6
6	4	3	7	5	1	8	9	2
9	2	7	6	4	8	5	1	3
3	7	5	2	1	6	4	8	9
2	9	6	4	8	7	1	3	5
4	8	1	9	3	5	2	6	7
5	1	2	8	6	9	3	7	4
7	6	4	1	2	3	9	5	8
8	3	9	5	7	4	6	2	1

Puzzle 76

3	2	7	5	4	6	1	8	9
1	9	4	7	3	8	5	2	6
5	6	8	9	1	2	7	3	4
9	4	1	6	5	3	8	7	2
2	7	6	1	8	4	9	5	3
8	3	5	2	7	9	6	4	1
7	5	9	3	2	1	4	6	8
6	8	2	4	9	7	3	1	5
4	1	3	8	6	5	2	9	7

Puzzle 77

9	3	7	5	4	1	8	6	2
1	4	2	6	3	8	9	7	5
6	5	8	7	9	2	1	3	4
3	2	9	1	5	6	4	8	7
4	8	5	3	7	9	6	2	1
7	6	1	2	8	4	5	9	3
2	9	3	4	6	5	7	1	8
8	1	4	9	2	7	3	5	6
5	7	6	8	1	3	2	4	9

Puzzle 78

5	2	1	3	8	7	9	4	6
4	9	3	6	5	1	8	7	2
8	6	7	4	2	9	3	1	5
2	8	9	1	7	3	5	6	4
1	3	5	2	4	6	7	8	9
7	4	6	5	9	8	1	2	3
3	1	4	8	6	5	2	9	7
6	7	8	9	3	2	4	5	1
9	5	2	7	1	4	6	3	8

Puzzle 79

1	4	5	6	9	2	3	7	8
7	2	8	1	3	5	9	6	4
3	6	9	7	8	4	1	2	5
8	5	1	3	7	9	2	4	6
9	3	6	2	4	8	5	1	7
4	7	2	5	1	6	8	9	3
2	1	3	4	5	7	6	8	9
6	9	7	8	2	3	4	5	1
5	8	4	9	6	1	7	3	2

Puzzle 80

8	6	7	4	9	3	5	2	1
2	9	5	6	7	1	4	3	8
3	1	4	2	5	8	7	6	9
9	3	8	5	4	6	1	7	2
5	2	1	7	8	9	6	4	3
7	4	6	3	1	2	8	9	5
4	7	9	8	2	5	3	1	6
1	8	3	9	6	4	2	5	7
6	5	2	1	3	7	9	8	4

Puzzle 81

4	2	6	8	3	7	1	5	9
9	8	1	6	5	4	7	2	3
7	5	3	2	9	1	6	4	8
6	3	5	1	4	8	9	7	2
1	9	2	3	7	6	5	8	4
8	4	7	9	2	5	3	6	1
5	1	9	4	6	2	8	3	7
2	7	8	5	1	3	4	9	6
3	6	4	7	8	9	2	1	5

Puzzle 82

7	9	8	4	6	3	2	1	5
2	1	3	5	7	8	6	4	9
4	6	5	9	2	1	7	8	3
6	4	1	2	3	9	5	7	8
8	2	9	1	5	7	4	3	6
5	3	7	6	8	4	9	2	1
1	5	6	3	4	2	8	9	7
3	7	2	8	9	6	1	5	4
9	8	4	7	1	5	3	6	2

Puzzle 83

3	6	8	2	7	4	5	9	1
9	7	1	3	6	5	8	4	2
2	5	4	9	1	8	6	3	7
5	2	6	4	3	7	1	8	9
1	3	7	6	8	9	4	2	5
4	8	9	1	5	2	7	6	3
7	9	5	8	2	6	3	1	4
8	4	3	5	9	1	2	7	6
6	1	2	7	4	3	9	5	8

Puzzle 84

5	1	9	4	6	2	3	8	7
6	3	8	7	9	1	5	4	2
2	4	7	5	8	3	9	6	1
8	7	4	1	3	9	2	5	6
9	6	5	8	2	4	7	1	3
3	2	1	6	5	7	8	9	4
1	8	2	3	4	5	6	7	9
4	5	3	9	7	6	1	2	8
7	9	6	2	1	8	4	3	5

Puzzle 85

9	3	2	4	8	7	1	6	5
6	5	8	3	2	1	4	7	9
7	1	4	5	6	9	2	8	3
1	7	3	6	9	4	5	2	8
2	6	5	8	1	3	9	4	7
4	8	9	2	7	5	3	1	6
8	9	1	7	5	2	6	3	4
5	4	6	1	3	8	7	9	2
3	2	7	9	4	6	8	5	1

Puzzle 86

4	5	7	1	6	9	8	3	2
2	8	6	7	5	3	1	4	9
1	9	3	4	2	8	5	7	6
5	6	1	2	8	7	4	9	3
8	4	9	5	3	6	7	2	1
3	7	2	9	4	1	6	5	8
9	1	8	3	7	4	2	6	5
7	3	5	6	1	2	9	8	4
6	2	4	8	9	5	3	1	7

Puzzle 87

5	8	1	9	2	4	3	7	6
9	2	4	3	7	6	5	1	8
7	3	6	8	5	1	4	2	9
6	4	2	7	1	5	9	8	3
8	9	5	4	3	2	7	6	1
3	1	7	6	8	9	2	4	5
4	6	8	2	9	3	1	5	7
1	7	9	5	4	8	6	3	2
2	5	3	1	6	7	8	9	4

Puzzle 88

6	1	2	4	3	5	9	8	7
3	4	9	8	7	2	5	6	1
7	8	5	9	1	6	3	4	2
2	9	4	7	8	1	6	5	3
1	5	7	6	4	3	2	9	8
8	3	6	5	2	9	1	7	4
9	2	8	1	6	7	4	3	5
4	6	3	2	5	8	7	1	9
5	7	1	3	9	4	8	2	6

Puzzle 89

2	9	3	4	8	5	6	7	1
4	1	8	6	3	7	5	2	9
5	7	6	2	9	1	8	4	3
8	6	2	3	1	4	7	9	5
7	5	4	9	2	8	3	1	6
9	3	1	7	5	6	2	8	4
1	4	5	8	6	2	9	3	7
3	2	7	5	4	9	1	6	8
6	8	9	1	7	3	4	5	2

Puzzle 90

2	7	4	6	5	8	1	9	3
8	5	1	3	2	9	4	6	7
9	3	6	7	1	4	2	8	5
3	6	7	8	9	1	5	4	2
1	2	5	4	6	7	9	3	8
4	9	8	5	3	2	6	7	1
7	8	2	1	4	6	3	5	9
5	4	9	2	8	3	7	1	6
6	1	3	9	7	5	8	2	4

Puzzle 91

1	6	5	3	9	4	2	8	7
2	4	7	1	8	5	9	6	3
3	8	9	6	2	7	5	1	4
6	7	1	9	4	2	8	3	5
8	5	3	7	1	6	4	9	2
9	2	4	8	5	3	1	7	6
4	9	6	2	7	1	3	5	8
5	3	8	4	6	9	7	2	1
7	1	2	5	3	8	6	4	9

Puzzle 92

5	2	6	7	4	8	9	1	3
7	4	3	6	1	9	8	5	2
1	8	9	3	5	2	7	6	4
8	5	7	9	3	1	4	2	6
2	3	4	8	6	5	1	7	9
6	9	1	4	2	7	3	8	5
4	1	2	5	7	3	6	9	8
3	7	8	2	9	6	5	4	1
9	6	5	1	8	4	2	3	7

Puzzle 93

4	9	8	2	5	1	7	6	3
2	7	6	9	8	3	1	4	5
1	3	5	6	4	7	2	9	8
6	2	3	8	7	5	9	1	4
7	8	1	4	9	6	5	3	2
5	4	9	3	1	2	6	8	7
8	6	4	7	2	9	3	5	1
9	5	2	1	3	8	4	7	6
3	1	7	5	6	4	8	2	9

Puzzle 94

4	2	8	9	3	7	6	5	1
9	5	7	8	6	1	3	4	2
6	3	1	4	2	5	7	9	8
8	1	2	5	7	9	4	6	3
5	6	9	3	1	4	8	2	7
7	4	3	2	8	6	9	1	5
1	7	5	6	9	8	2	3	4
2	9	4	7	5	3	1	8	6
3	8	6	1	4	2	5	7	9

Puzzle 95

7	5	4	1	8	6	9	2	3
8	1	2	3	9	4	7	6	5
6	9	3	7	2	5	8	1	4
9	7	1	6	5	8	4	3	2
4	3	8	2	1	9	5	7	6
5	2	6	4	7	3	1	9	8
2	8	5	9	3	7	6	4	1
3	4	7	5	6	1	2	8	9
1	6	9	8	4	2	3	5	7

Puzzle 96

5	3	8	4	9	1	2	6	7
7	4	1	2	6	3	9	8	5
6	9	2	8	7	5	4	3	1
8	7	4	9	1	2	6	5	3
2	5	3	6	8	4	7	1	9
9	1	6	3	5	7	8	4	2
3	8	7	1	4	9	5	2	6
4	2	9	5	3	6	1	7	8
1	6	5	7	2	8	3	9	4

Puzzle 97

3	7	6	2	8	9	5	1	4
2	8	9	5	1	4	6	3	7
4	5	1	6	3	7	9	8	2
5	4	2	1	9	6	3	7	8
9	3	8	7	4	2	1	5	6
1	6	7	3	5	8	4	2	9
7	2	5	4	6	1	8	9	3
8	1	4	9	7	3	2	6	5
6	9	3	8	2	5	7	4	1

Puzzle 98

9	3	4	8	6	5	1	7	2
2	7	8	4	3	1	5	9	6
5	6	1	9	7	2	8	3	4
1	5	7	3	2	4	9	6	8
4	9	2	6	8	7	3	1	5
3	8	6	5	1	9	4	2	7
7	2	5	1	9	8	6	4	3
8	1	3	2	4	6	7	5	9
6	4	9	7	5	3	2	8	1

Puzzle 99

1	6	2	5	7	9	4	8	3
7	3	8	4	1	6	9	2	5
9	4	5	8	2	3	7	1	6
2	9	6	3	4	1	8	5	7
4	8	7	6	9	5	1	3	2
3	5	1	2	8	7	6	4	9
5	7	3	1	6	8	2	9	4
6	1	4	9	3	2	5	7	8
8	2	9	7	5	4	3	6	1

Puzzle 100

7	5	3	1	8	9	6	4	2
8	6	4	2	3	5	1	9	7
1	2	9	7	4	6	3	5	8
6	4	8	9	2	3	7	1	5
5	7	2	8	1	4	9	3	6
9	3	1	6	5	7	8	2	4
3	1	6	4	7	2	5	8	9
2	8	7	5	9	1	4	6	3
4	9	5	3	6	8	2	7	1

www.ingramcontent.com/pod-product-compliance
Lightning Source LLC
Chambersburg PA
CBHW070818220526
45466CB00002B/707